Conception et réalisatior

C000157642

Aymen Hedhili
Hazem Adouni

Conception et réalisation d'un simulateur de disjoncteur HTA

Éditions universitaires européennes

Impressum / Mentions légales
Bibliografische Information der Deutschen Nationalbibliothek: Die Deutsche Nationalbibliothek verzeichnet diese Publikation in der Deutschen Nationalbibliografie; detaillierte bibliografische Daten sind im Internet über http://dnb.d-nb.de abrufbar.
Alle in diesem Buch genannten Marken und Produktnamen unterliegen warenzeichen-, marken- oder patentrechtlichem Schutz bzw. sind Warenzeichen oder eingetragene Warenzeichen der jeweiligen Inhaber. Die Wiedergabe von Marken, Produktnamen, Gebrauchsnamen, Handelsnamen, Warenbezeichnungen u.s.w. in diesem Werk berechtigt auch ohne besondere Kennzeichnung nicht zu der Annahme, dass solche Namen im Sinne der Warenzeichen- und Markenschutzgesetzgebung als frei zu betrachten wären und daher von jedermann benutzt werden dürften.

Information bibliographique publiée par la Deutsche Nationalbibliothek: La Deutsche Nationalbibliothek inscrit cette publication à la Deutsche Nationalbibliografie; des données bibliographiques détaillées sont disponibles sur internet à l'adresse http://dnb.d-nb.de.
Toutes marques et noms de produits mentionnés dans ce livre demeurent sous la protection des marques, des marques déposées et des brevets, et sont des marques ou des marques déposées de leurs détenteurs respectifs. L'utilisation des marques, noms de produits, noms communs, noms commerciaux, descriptions de produits, etc, même sans qu'ils soient mentionnés de façon particulière dans ce livre ne signifie en aucune façon que ces noms peuvent être utilisés sans restriction à l'égard de la législation pour la protection des marques et des marques déposées et pourraient donc être utilisés par quiconque.

Coverbild / Photo de couverture: www.ingimage.com

Verlag / Editeur:
Éditions universitaires européennes
ist ein Imprint der / est une marque déposée de
OmniScriptum GmbH & Co. KG
Heinrich-Böcking-Str. 6-8, 66121 Saarbrücken, Deutschland / Allemagne
Email: info@editions-ue.com

Herstellung: siehe letzte Seite /
Impression: voir la dernière page
ISBN: 978-3-8417-4816-4

Sommaire

Liste des Tableaux

Liste des figures

Introduction générale

Le domaine de la maintenance se trouve en mode actif et continuellement évolutif, tout au long des années précédentes. Cette évolution touche également les systèmes de protection et vue l'évolution rapide dans le monde de l'électricité.

Dans notre recherche d'une nouvelle démarche innovatrice au niveau de la maintenance du système de protection du réseau de moyenne tension, nous proposons dans ce travail une nouvelle conception accompagnée d'une réalisation qui a comme rôle de maintenir le coffret de protection.

Dans cette perspective, nous s'attachons en premier lieu à étudier, dans le premier chapitre, les notions de base de l'équipement de protection d'une ligne de réseau de moyenne tension où nous allons mettre l'accent sur trois points qui semblent importants à savoir :

- Le disjoncteur HTA,
- Le relais de protection,
- Le transformateur de courant.

Dans le deuxième chapitre, et avant de passer à la phase de la conception, nous présentons la problématique ainsi que les solutions proposées, puis nous nous attachons à analyser les composants que nous allons les utiliser dans notre conception.

À l'issue de cette analyse, nous présentons dans le troisième chapitre la conception effectuée sur le logiciel ISIS pour la simulation où nous avons implémenté le moyen d'affichage (LCD) et le relais bistable avec les trois capteurs qui garanties les valeurs de courant, de ce fait, le choix du microcontrôleur 16F877A s'avère indispensable pour la conversion analogique numérique.

À la fin de cette étude, la simulation de la carte prouve des résultats adéquats qui valident notre conception ce qui permet d'avancer au niveau du dernier chapitre, consacré pour la réalisation. Au cours de cette phase, nous avons commencé par le routage du circuit imprimé en utilisant le logiciel Egale afin d'avoir le typon et par suite arriver a l'implantation de toutes les composantes et obtenir la maquette complète

Chapitre I : Moyens de protection d'une ligne moyenne tension

I.1. Introduction

Tous réseaux électriques peuvent rencontrer à tout instant des problèmes qui vont perturber ce dernier ou détruire les équipements électriques. Parmi ces défauts qui ont des effets menaces sur la distribution d'énergie, nous citons :

- Surcharge : c'est une hausse du courant absorbé qui dépasse le courant de fonctionnement normal du récepteur. La surcharge peut être supportée par l'installation électrique si elle survient pendant un temps relativement court. Si la surcharge persiste, il y aura échauffement anormal de câbles électriques et du récepteur, ce qui peut entrainer la détérioration du matériel.
- Court-circuit : c'est une augmentation brusque du courant électrique suite à la mise en contact directement, ou par l'intermédiaire d'un objet très peu résistant, de deux potentiels électriques différents.

Il existe 3 types de court-circuit :

- Phase-phase (biphasé),
- 3 phases (triphasé),
- Phase-neutre (monophasé).

De ce fait, nous résultons l'importance de moyens de protection dans une ligne du réseau pour protéger les équipements contre ces défauts.

I.2. Disjoncteur moyenne tension

I.2.1. Fonctionnement

Le disjoncteur est un appareil qui assure la commande et la protection d'un réseau. Il est capable d'établir, de supporter et d'interrompre les courants de service ainsi que les courants de court-circuit.

Son pouvoir de coupure assigné en court-circuit est la valeur élevée du courant que le disjoncteur doit-être capable de couper sous sa tension assignée.

I.2.2. Eléments de disjoncteur HTA

Les deux principales parties du disjoncteur HTA sont :

- ➤ Partie puissance, elle comporte :
  - 3 mouchoirs fixes,
  - 3 mouchoirs mobiles.
- ➤ Partie commande, elle est constituée des élements suivants:
  - La bobine d'enclenchement,
  - La bobine de déclenchement,
  - Le moteur de réarmement.

Figure 1. *Disjoncteur moyenne tension (HTA)*

I.2.3. Avantage du disjoncteur HTA

Parmi les avantages du disjoncteur HTA, nous pouvons citer:

8

- La facilité d'installation, la conception et les différentes dispositions possibles rendent les adaptations rapides et aisées pour différentes configurations,
- Le faible stress occasionné au gaz et aux contacts lors de la coupure le rend très fiable,
- La disposition du pôle, avec les membranes de sécurité situées en position basse contre le châssis, est un vrai gage de sécurité pour les opérateurs en cas d'explosion d'un pôle.
- La structure en trois pôles séparés offre le pouvoir de coupure et les performances diélectriques pouvant être maintenus en cas de perte de SF6 dans l'un des pôles,
- La possibilité de remplacer un des pôles.

I.3. Transformateur de courant

I.3.1. Fonctionnement

Les transformateurs de courant (TI) s'utilisent dans la pratique pour mesurer le courant sans interrompre les lignes de courant. La mesure du courant est donc très sûre avec les transformateurs de courant. Les transformateurs de courant utilisent le champ magnétique naturel du conducteur actif pour déterminer le courant. La plage du courant mesurable va de très peu de mA à plusieurs milliers d'ampères. Il est ainsi facile de mesurer des courants sur la plage de 1 mA à 20 mA et aussi de grands courants de jusqu'à 10000 A.

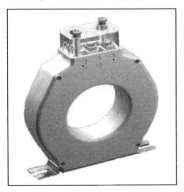

Figure 2. *Transformateur de courant*

I.3.2. Choix du transformateur de courant

Il y a plusieurs facteurs pour choisir un transformateur de courant :

- La détermination du rapport de transformation : intensité primaire/ intensité secondaire. Il faut de préférence choisir l'intensité primaire la plus proche de l'intensité réelle à mesurer,
- Détermination de la puissance du transformateur : pour déterminer la puissance du transformateur en (VA), il faut tenir compte de la résistivité du câblage ainsi que la

puissance consommée par les appareils de mesure connectés aux transformateurs de courant,

- Détermination de la classe de précision du transformateur : il faut prendre en compte que les transformateurs de courant conditionnent la précision de mesure.

I.4. Relais de protection

I.4.1. Définition

Le relais est un dispositif à action mécanique ou électrique provoquant le fonctionnement des systèmes qui isolent une certaine zone du réseau en défaut ou actionnant un signal en cas de défaut ou de conditions anormales de marche (alarme, signalisation,…..).

I.4.2. Fonctionnement

Le relais de protection est conçu pour la protection, le contrôle, la mesure et la supervision dans des réseaux de moyenne tension. Les applications typiques incluent les arrivées et les départs de ligne entrante et sortante ainsi que la protection des postes. Le relais de protection est doté d'entrées analogiques pour les transformateurs de tension et de courant classiques. De plus, il existe une version matérielle avec des entrées pour des capteurs de courant et de tension.

Le relais de protection est basé sur un environnement multiprocesseur l'HMI (Interface homme-machine), il comprend un écran à cristaux liquides (LCD) avec différentes vues, permet une utilisation locale facile et informe l'utilisateur par le biais de messages d'indication. La technologie moderne est appliquée aussi bien dans les solutions matérielles que logicielles.

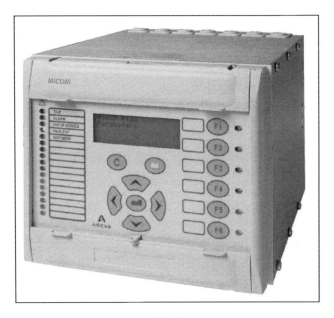

Figure 3. *Relais de protection*

I.4.3. Réglage de relais de protection

Le seuil de réglage du relais de protection de maximum de courant par phase du disjoncteur de couplage est donné par le tableau suivant :

Type de protection	Courant (en A)	Temps (en s)
Surcharge	300	0.80
Court-circuit	1000	0.05

Tableau 1. Réglage de la protection proposée

I.5. Système de protection

Le systéme de protection est constitué par les élements suivants :

- Un disjoncteur pouvant assurer la coupure d'un courant de défaut,
- Un jeu de capteurs d'intensité et de tension (réducteurs de mesure),
- Un relais de protection qui reçoit d'une part les mesures des capteurs, les interprète et envoie d'autre part les ordres au disjoncteur.

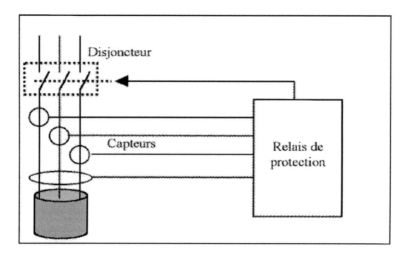

Figure 4. *Systéme de protection*

Une protection doit assurer les propriétés suivantes :

- La sélectivité : n'élimine que la partie en défaut, ligne, transfo, appareillage, jeu de barres. L'élimination des parties non en défaut peut être dramatique et conduire à des dépassements de capacité thermique,
- La sensibilité : détecte les défauts très résistants,
- La rapidité : réduire les conséquences des courts-circuits, notamment la stabilité du réseau et les efforts électrodynamiques (décision en 20 ms, coupure après 70 à 100 ms).
- La fiabilité : évite les déclenchements intempestifs,
- L'autonomie : evite de changer les réglages fréquemment,
- La consommation, appareil à faible consommation d'énergie,
- L' insensibilité aux composantes apériodiques,
- La facilité à mettre en œuvre et à maintenir.

I.6. Cellule de Coupure

La STEG utilise des cellules blindées pour assurer la coupure de la moyenne tension ainsi que pour la protection.

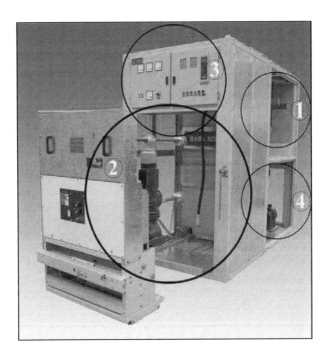

Figure 5. *Cellule blindée*

La cellule blindée est composée de 4 compartiments :

- Le compartiment de jeu des barres, il a pour rôle d'assurer la transmission d'énergie entre les panneaux. C'est la partie où se trouve les conducteurs qui résistent les hauts courants ainsi que les isolateurs qui fixent ces courants au panneau,
- Le compartiment du disjoncteur, il comporte les organes de manœuvre de la tension moyenne (SF6, disjoncteur, conducteurs),
- Le compartiment de baisse tension, cette partie est équipée avec des différentes types de relais de protection et les appareils de contrôle. Il est renfermé dans une boite métallique mise à la terre pour empêcher les dommages contre l'opérateur ou les appareils,
- Le compartiment de câble, il est constitué par les appareils de commutation comme les transformateurs de courant et de tension, les isolateurs qui permettent la transition au compartiment de disjoncteur, l'interrupteur de terre et les isolateurs capacitives situés dans cette partie.

I.7. Conclusion

A la fin de ce chapitre, nous avons mis en évidence l'importance des moyens de protection, d'où la nécessité de contrôler ces moyens par une maquette permettant de simuler un tel défaut .Ce simulateur doit contenu donc plusieurs composants pour analyser ce qui se passe dans le disjoncteur et dans le coffret de protection. Dans le chapitre qui suit, nous allons entamer la partie permettant d'étudier les composants à utiliser dans ce simulteur.

Chapitre II : Etude du simulateur

II.1. Introduction

Ce chapitre porte sur l'étude du simulateur d'un disjoncteur HTA. Au début, nous présentons la problématique ainsi que leur solution proposé, puis nous définissons l'ensemble des composants nécessaires pour le fonctionnement du système.

II.2. Problématique

Il s'agit de concevoir un simulateur permettant de tester le fonctionnement d'un disjoncteur HTA inséré dans le coffret de protection existant au sein de la STEG.

Le coffret joue un rôle très important, il assure la communication entre le réseau et le dit disjoncteur à travers des transformateurs de courants (TI).

II.3. Solution

La solution proposée réside sur l'étude et la conception d'un simulateur permettant de tester le fonctionnement du coffret de protection et de simuler les défauts par l'emploie d'un boite d'injection de courant sans recours au disjoncteur.

La figure suivante réprésente le schéma synoptique de notre simulateur :

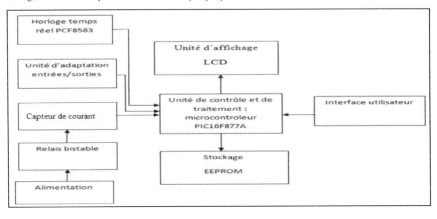

Figure 6. *Schéma synoptique du simulateur*

II.4. Etude de différents composants du simulateur

Les différents composants du simulateur à concevoir sont :

II.4.1. Le microcontrôleur PIC 16F877A

II.4.1.1. Définition d'un PIC

Il constitue une unité de traitement de l'information de type microprocesseur à laquelle des périphériques internes sont ajoutées permettant de réaliser des montages sans la nécessité de l'ajout des composants. Il intègre dans un boîtier de type « DIL40 », les broches sont virtuellement numérotées de 1 à 40.

II.4.1.2. Caractéristiques générales de la famille 16F87XA

La famille 16F87xA comprend toute une série de composants, le tableau II.1 présente les différents types existants et en cours d'évolution.

Device	Program Memory		Data SRAM (Bytes)	EEPROM (Bytes)	I/O	10-bit A/D (ch)	CCP (PWM)	MSSP		USART	Timers 8/16-bit	Comparators
	Bytes	# Single Word Instructions						SPI	Master I²C			
PIC16F873A	7.2K	4096	192	128	22	5	2	Yes	Yes	Yes	2/1	2
PIC16F874A	7.2K	4096	192	128	33	8	2	Yes	Yes	Yes	2/1	2
PIC16F876A	14.3K	8192	368	256	22	5	2	Yes	Yes	Yes	2/1	2
PIC16F877A	14.3K	8192	368	256	33	8	2	Yes	Yes	Yes	2/1	2

Tableau 2. *Comparaison des PIC da la famille 16F87xA*

Tous les PICs Mid-Range, y compris le PIC 16F877A, ont un jeu de 35 instructions, ils stockent chaque instruction dans un seul mot de programme, et exécutent chaque instruction (sauf les sauts) en 1 cycle, ils atteignent donc de très grandes vitesses et les instructions sont de plus très rapidement assimilées.

L'horloge fournie à un PIC est divisée par 4 au niveau de celle-ci, c'est cette base de temps qui donne le temps d'un cycle. Si nous utilisons par exemple un quartz de 20MHz, nous obtenions donc 5000000 cycles/seconde ou comme le PIC exécute pratiquement une instruction par cycle, cela nous donne une puissance de l'ordre de 5 MIPS (5 Million d'Instruction Par Seconde).

II.4.1.3. Choix du microcontrôleur

Le choix d'un microcontrôleur est primordial car il dépend de plusieurs performances telles que la taille, la facilité d'utilisation et le prix du montage.

Le PIC 16F877A dispose d'un nombre nécessaire de ports d'entrées/sorties pour l'application et la possibilité de communication avec la liaison RS232.

Figure 7. *PIC 16F877A*

II.4.1.4. Mémoire du 16F877A

Il y a 3 types distincts de mémoire 16F877A :

- La mémoire flash (8K)

C'est la mémoire programme proprement dite. Chaque « case » mémoire unitaire fait 13 bits. La mémoire FLASH est un type de mémoire stable. C'est ce nouveau type de mémoire qui fait le succès de microprocesseur PIC. La capacité de cette mémoire est 8 K.

- La mémoire RAM (368 octets)

C'est de la mémoire d'accès rapide et volatile (c'est –à- dire qu'elle s'efface lorsqu'elle n'est plus sous tension). Cette mémoire contient les registres de configuration du PIC ainsi que les différents registres de données. Elle contient également les variables utilisées par le programme.

- L'EEPROM Interne (256 octets)

Le PIC 16F877 contient également de la mémoire électriquement effaçable, réécrivable et stable (appelée EEPROM). Ce type de mémoire est d'accès plus lent.

II.4.1.5. Modules internes du 16F877A

Nous présentons ici une vue d'ensemble des différents modules utilisables qui sont présent dans la structure interne du 16F877A (Annexe 2) :

- Trois timers / compteurs,
  - ✓ Le timer 0
  - ✓ Le timer 1
  - ✓ Le timer 2
- Un convertisseur analogique numérique (CAN) 10 bits,
- Un module de génération d'impulsion à période réglable (PWM),
- Un module de communication série synchrone,
- Un module de communication en « port parallèle »,
- Un « chien de garde »,

17

- Trois timers / compteurs.

L'intérêt des modules de comptage est de tenir compte d'événements qui surviennent de façon répétée sans que le microprocesseur soit monopolisé par cette tache. Dans la plupart des cas, une instruction a lieu que lorsque le compteur déborde (over flow).

II.4.2. Afficheur LCD

II.4.2.1. Description
Les afficheurs à cristaux liquides sont des modules compacts intelligents et nécessitent peu de composants externes pour un bon fonctionnement. Ils sont relativement à bon marché et s'utilisent avec beaucoup de facilité.

Plusieurs afficheurs sont disponibles sur le marché et se différent les uns des autres, non seulement par leurs dimensions (de 1 à 4 lignes 6 à 80 caractères), mais aussi par leurs caractéristiques techniques et leurs tensions de service.

II.4.2.2. Fonctionnement et schéma fonctionnel
Un afficheur LCD est capable d'afficher tous les caractères alphanumériques usuels et quelques symboles supplémentaires. Pour certains afficheurs, il est même possible de créer ses propres caractères. Chaque caractère est identifié par son code ASCII qu'il faut envoyer sur les lignes D0 à D7 broches 7 et 14.

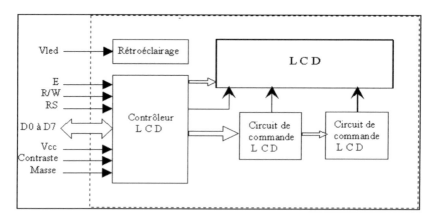

Figure 8. *Schéma fonctionnel d'un LCD*

Comme il le montre le schéma fonctionnel, l'affichage comporte d'autres composants que l'afficheur à cristaux liquides (LCD) seul. Un circuit intégré de commande spécialisé, le LCD-Controller, est chargé de la gestion du module. Le "contrôleur" remplit une double fonction, d'une part il commande l'affichage et de l'autre se charge de la communication avec l'extérieur.

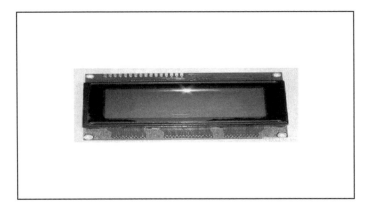

Figure 9. *Afficheur LCD 2*16*

II.4.3. Description du bloc de la liaison série

II.4.3.1. Connecteur DB-9

Le connecteur DB-9 est une prise analogique qui possède 9 broches, il sert essentiellement dans les liaisons séries et permettant la transmission de données asynchrones selon la norme RS232.

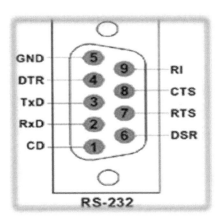

Figure 10. *Brochage du connecteur DB-9*

Numéro	Nom	Désignation	E /S
1	CD–Carrier Detect	Détection de porteuse	Entrée
2	RD–Receive Data	Réception de données	Entrée
3	TD–Transmit Data	Transmission de données	Sortie
4	DTR-Data Terminal Ready	Terminal prêt	Sortie
5	SG-Signal Ground	Masse logique	
6	DSR-Data Set Ready	Données prêtes	Entrée
7	RTS-Request To Send	Demande d'émission	Sortie
8	CTS-Clear To Send	Prêt a emettre	Entree
9	RI-Ring Indicator	Indicateur de sonnerie	Entrée

Tableau 3. Désignation des broches du connecteur DB-9

II.4.3.2. MAX232

Le MAX232 est un circuit intégré crée par le constructeur MAXIM, il se présente sous la forme d'un boitier DIL16 et s'alimente sous 5V. Il assure la communication et l'adaptation entre le PIC, le câble série et les interfaces de communication. Il amplifie et met en forme deux entrées et deux sorties TTL/CMOS vers deux entrées et deux sorties RS232.

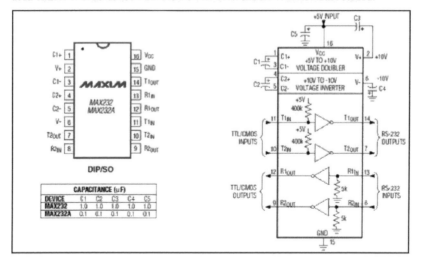

Figure 12. *Brochage du MAX232*

II.4.4. Capteur de courant

Le capteur de courant est un dispositif électromagnétique qui permet de détecter la présence d'un éventuel courant électrique dans un conducteur. Si le capteur détecte le passage d'un courant électrique, ceci délivre un signal analogique ou numérique que nous pouvons utiliser ou traiter ultérieurement. En général, le capteur de courant électrique met en application différents phénomènes physiques pour leur fonctionnement. Selon les cas, le capteur de courant peut mesurer une intensité du courant allant jusqu'à plusieurs dizaines de milliers d'ampères avec une précision d'au plus de cinq pour cent.

II.4.5. Relais bistable

Un relais bistable est un relais dont les contacts conservent leur position même après coupure de l'alimentation dans la bobine. Ce type de relais présente comme avantages principaux de ne consommer du courant que lors des commutations et de conserver en mémoire sa position même en cas de coupure de l'alimentation. Il est très utilisé dans des systèmes d'automatisme industriel. Son inconvénient principal est son prix. Il existe plusieurs types de relais bistables :

- Ceux qui possèdent deux bobinages de commande, un premier pour activer le relais en position fonctionne et un autre pour le ramener en position repos.
- Ceux qui ne possèdent qu'un seul bobinage de commande et ou la position fonctionnel et repos dépendent de la polarité de la tension continue appliquée à la bobine.

II.4.6. Mémoire externe EEPROM

La mémoire EEPROM (Electrically-Erasable Programmable Read-Only Memory) est une mémoire non volatile, programmable, et que nous pouvons l'effacer par un signal électrique. L'avantage de l'EEPROM est que nous pouvons reprogrammer par un signal électrique sans l'enlever de son support. L'effacement des données se fait adresse par adresse mais très lent. Elle est un type de mémoire morte qui est utilisée pour enregistrer des informations qui ne doivent pas être perdues lorsque l'appareil qui les contient n'est plus alimenté en électricité. Ce type de mémoire a été développé pour les applications de faible puissance telle que les communications personnelles ou d'acquisition de données.

Dans notre projet, nous allons stocker les valeurs du courant dans l'EEPROM.

II.4.7. Module horloge temps réel

Puisque le facteur de temps est primordial dans le fonctionnement de notre projet, nous avons choisi d'utiliser un circuit intégré de la famille PCF qui servira comme horloge temps réel.

Le PCF8583 fonctionne en véritable horloge calendrier c-à-d en mode de 24 heures et sur une période de vingt quatre ans. Il possède une sortie d'interruption et de la RAM qui possède 240 octets.

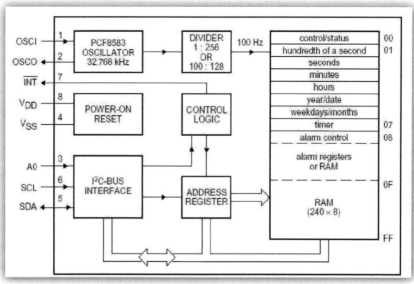

Figure 13. *Organisation interne du PCF8583*

Le PCF8583 présente les caractéristiques suivantes :

- Consommation faible de courant,
- Garantie de la fonction d'horloge et de rétention de mémoire sous 1V, ce qui permet de le secourir facilement par une batterie.

II.4.8. Bus I2C

Le bus I2C utilise deux lignes de signal, il permet à un certain nombre d'appareils d'échanger des informations sous forme série avec un débit pouvant atteindre 100 Kbps ou 400 Kbps pour les versions les plus récentes.

Le bus I2C présente les caractéristiques suivantes :

- Données pouvant être échangées dans les deux sens sans restriction,
- Acquittement généré pour chaque octet de donnée transféré,
- Bus série bifilaire utilisant une ligne de données appelée SDA (Serial Data) et une ligne d'horloge appelée SCL (Serial Clock),
- Bus multi-maitres,
- Bus travaillant à une vitesse maximum de 100 Kbps (ou 400 Kbps), le protocole permet de ralentir automatiquement l'équipement le plus rapide pour s'adapter à la vitesse de l'élément le plus lent au cours d'un transfert,

- Niveaux électriques permettant l'utilisation de circuits en technologies CMOS, NMOS ou TTL.

II.4.9. Opto-Coupleur

Un opto-coupleur est un dispositif composé de deux éléments, une diode électroluminescente (LED) et un phototransistor intégrés dans le même boitier, électriquement indépendant, mais optiquement couplés.

Le rôle d'un opto-coupleur est d'assurer l'isolation galvanique (aucune liaison électrique) entre deux systèmes électriques.

II.5. Conclusion

A la fin de ce chapitre, nous avons pu mettre l'accent sur l'environnement général du projet ainsi que la problématique et la solution adoptée. Nous proposons dans le chapitre qui suit une étude sur la partie conception du simulateur de disjoncteur HTA.

Chapitre III : Conception du simulateur

III.1. Introduction

Dans ce chapitre, notre travail consiste à obtenir une solution informatique, matérielle et logicielle permettant de construire le système demandé. De ce fait, nous allons utilisé des logiciels de simulation, d'autres de programmation, l'ISIS Professionnel comme logiciel de simulation et le mikroC PRO comme logiciel de programmation du PIC.

III.2. Etude des différentes parties du simulateur

III.2.1. Relais bistable

- Problème et solution

Dans cette partie, nous mettons l'accent sur la conception du model d'un disjoncteur. En effet, il était obligatoire d'utiliser un relais bistable, comme notre logiciel de simulation est dépourvu de ce type de relais, nous l'avons remplacé par des relais monostable présenté dans la figure suivante :

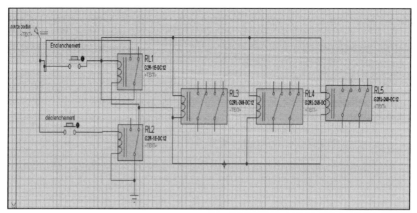

Figure 14. *Modélisation du relais bistable*

III.2.2. Capteur de courant

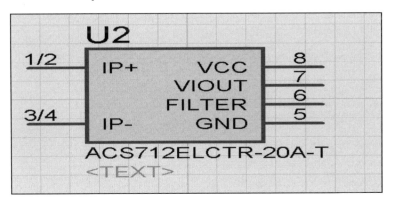

Figure 15. *Capteur de courant*

Pour optimiser au maximum le coût de notre système, nous avons remplacé le capteur de courant LEM « ACS 712-20A » par un simple circuit composé d'un shunt (0.1Ohm), un suiveur de tension pour l'adaptation d'impédance, et un sommateur pour effectuer le décalage de l'axe d'abscisse de la courbe d'image du courant qui donne une résultat similaire avec ce capteur (Annexe 3), mais cette modélisation est faisable que pour une seule phase, car lorsque nous implantons les 4 shunts sur les 3 phases et le neutre nous allons obtenu une masse commune, ce qui provoque un court-circuit. De ce fait, la seule solution est l'utilisation d'un capteur, du fait que tout capteur contient sa propre masse.

III.2.3. Implantation de l'afficheur LCD

Le choix du mode d'affichage 4 bits est justifié suite à notre besoin d'avoir plus de sorties afin d'afficher la valeur du courant de chaque phase ainsi que la position de disjoncteur (ON, OFF) sur l'afficheur LCD. Pour le schéma d'utilisation, nous avons choisi le schéma donné par la figure III.3 suivante :

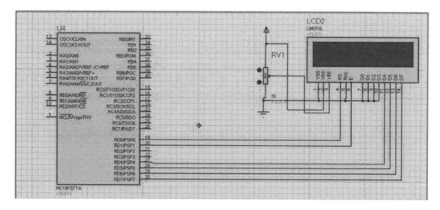

Figure 16. *Schéma d'implantation de l'afficheur LCD*

III.2.4. Implantation de la mémoire externe

La figure suivante présente l'implantation de la mémoire externe :

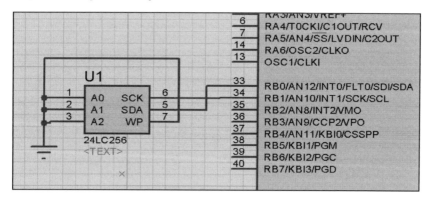

Figure 17. *Implantation de l'EEPEROM*

III.2.5. Circuit d'alimentation

Comme tout montage électronique, il nécessite une alimentation. Dans notre cas, nous avons utilisé une alimentation de 5V pour le PIC et ses périphériques, l'EEPROM et le MAX232 (Annexe 4).

Ainsi, autre contrainte présente dans ce circuit est qu'il peut être dans certains cas alimenté par une batterie dans des zones qui ne sont pas couverts par le réseau électrique, pour cela nous avons choisi une alimentation externe, qui sera régulée et stabilisée vers les tensions nécessaires.

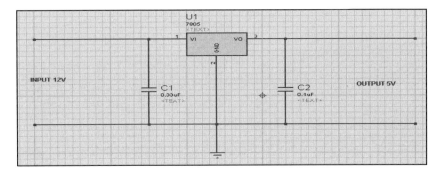

Figure 18. *Alimentation du PIC*

Le circuit d'alimentation reste classique dans le genre, un régulateur de tension de type LM7805 qui nous donne une tension positive de 5V avec un courant maximum de 1A.

III.3. Etude de simulation

Avant de passer à la réalisation pratique de notre maquette, nous proposons une étude pour les différentes parties du projet.

Pour cela nous avons utilisé le logiciel ISIS qui est un bon logiciel de simulation en électronique.

ISIS est éditeur de schéma qui intègre un simulateur analogique, logique ou mixte. Toutes les opérations se passent dans cet environnement, ainsi que la configuration de différentes sources, le placement des sondes et le tracé des courbes. Aussi, il faut toujours prendre en considération que les résultats obtenus de la simulation sont un peu différents de celui du mode réel et dépendent de la précision des modèles SPICE des composants et de la complication des montages.

III.3.1. Principe du simulateur de disjoncteur HTA

Le simulateur de disjoncteur HTA possède deux cartes, la première est un modèle de disjoncteur et la deuxième est une carte à base de pic 16F877A composée par un modèle de capteur de courant, un afficheur LCD 2x16 et une mémoire externe pour stoker les valeurs de courants au cours de la maintenance du coffret.

III.3.2. Schématisation de la carte

Finalement, la carte du simulateur de disjoncteur HTA est schématisée sur trois feuilles distinctes, la première est réservée aux blocs du modèle du disjoncteur et les deux optocoupleurs.

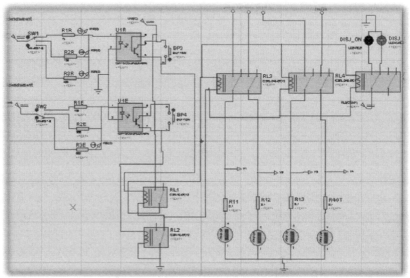

Figure 19. *Première feuille de la carte*

Pour la deuxième, elle est réservée aux capteurs de courant consacrés pour la mesure de courant.

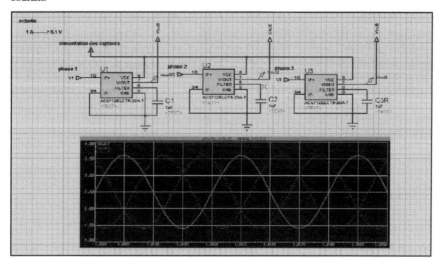

Figure 20. *Deuxième feuille de la carte*

La troisième feuille contient le pic 16F877A, l'afficheur série et la mémoire 24C64.

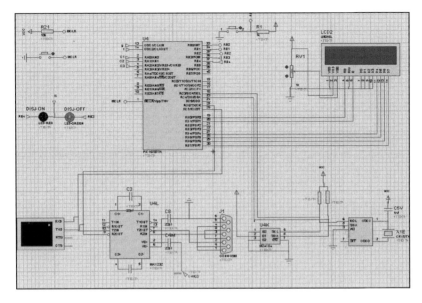

Figure 21. *Troisième feuille de la carte*

III.3.3. Environnement de programmation

III.3.3.1. Logiciel de programmation MikroC Pro

Le MicroC Pro est l'un des logiciels qui facilite la programmation des PIC. L'utilisation de ce logiciel permet de faire la compilation ainsi que la correction des fautes dans le programme.

Après avoir enregistré le programme, le logiciel MikroC Pro lui associe un fichier de type (.HEX), c'est-à-dire un fichier en hexa qui sera inséré dans le pic.

III.3.3.2. Création d'un projet

Les figures ci dessous expliquent les étapes d'une création d'un nouveau projet avec le logiciel MicroC Pro.

- Le choix du pic,
- Le choix du nom, l'emplacement du projet,
- Le choix de la fréquence du quartz,
- L'ajout ou non d'un fichier existant,
- La sélection de toute la bibliothèque ou non,
- La validation des différents choix.

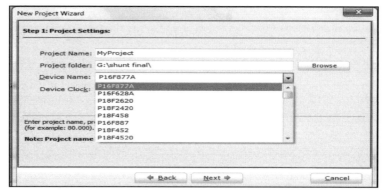

Figure 22. *Etape 1*

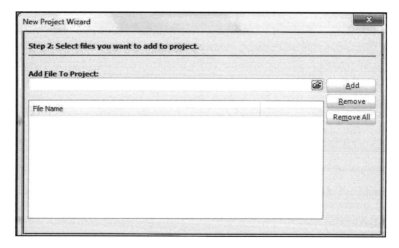

Figure 23. *Etape 2*

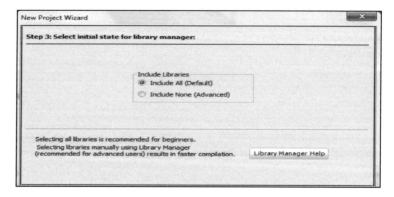

Figure 24. *Etape 3*

III.3.3.3. Programmation du PIC

L'organisation du programme présentée par la figure suivante, est définie comme suit :

- La définition des variables nécessaires,
- Le choix et l'initialisation des ports d'entrés/sortis du pic,
- Le choix de la vitesse de transmission,
- La création des conditions pour tester le contenu d'une variable dans laquelle est stockée une information envoyée à travers le port série.

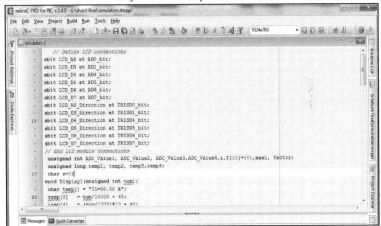

Figure 25. *Face du programme Micro C*

A chaque sortie du capteur de courant, nous associons une entrée analogique pour activer le convertisseur analogique numérique.

Le principe du programme est d'afficher la valeur du courant pour chaque phase et la position du disjoncteur sur un afficheur LCD, et ce au cours de la maintenance du coffret de protection.

III.3.4. Simulation

En premier lieu, nous adoptons de simuler le modèle du disjoncteur sur ISIS en utilisant deux boutons poussoir pour créer l'ordre de son enclenchement et de son déclenchement et deux voyants l'un set vert et l'autre est rouge (disjoncteur ouvert ou fermer) tout en assurant la priorité pour le déclenchement.

La deuxième phase de simulation a pour but la validation du programme développé par l'emploie du logiciel ISIS. Le fonctionnement du pic assure l'affichage du courant, la position du disjoncteur et le stockage sur le mémoire externe.

31

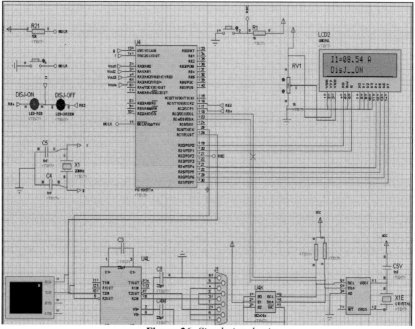

Figure 26. *Simulation de pic*

III.4. Conclusion

Nous avons abordé dans ce chapitre la conception du simulateur du disjoncteur HTA. Nous avons effectué la simulation de la carte, les résultats adéquats obtenus valide notre conception. À l'issue de cette simulation, nous passons à la réalisation pratique du dit simulateur, object du chapitre suivant.

Chapitre IV : Réalisation du simulateur

IV.1. Introduction

Après une étude détaillée des différents éléments matériels et logiciels constituants la maquette de disjoncteur HTA, nous passons à la partie de la réalisation pratique du projet. Dans cette partie, nous toucherons aux différents outils utilisés pour la création de l'application.

IV.2. Test sur plaque d'essai

Avant de passer à la réalisation du circuit imprimé, il faut tester le montage sur une plaque d'essai, ce qui le montre la figure IV.1 suivante:

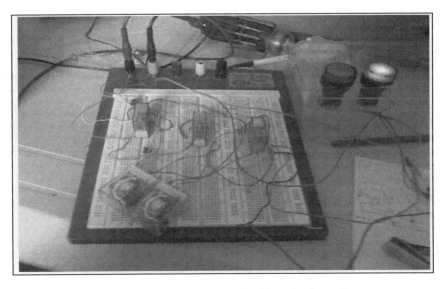

Figure 27. *Test de modèle du relais bistable sur la plaque d'essai*

IV.3. Routage

L'étape qui suit la schématisation sur ISIS, est la réalisation du routage de la carte. Le routage des circuits imprimés est une opération qui consiste à spécifier comment les signaux électriques tels que la tension d'alimentation, le signal audio ou vidéo, le signal HF, vont passer d'un composant à un autre. En d'autres termes, à leur indiquer le chemin à prendre pour aller d'un endroit à un autre, ce justifie l'utilisation du logiciel EAGLE.

IV.3.1. Présentation de l'EAGLE

EAGLE est un logiciel de conception assistée par ordinateur de circuits imprimés. Il comprend un éditeur de schémas, un logiciel de routage de circuit imprimé avec une fonction d'autoroutage et un éditeur de bibliothèques. Le logiciel est fourni avec une série de bibliothèques de composants de base. Une fois les connections établies, il est possible d'effectuer un routage automatique des pistes. Une fois le routage est terminé, nous pouvons imprimer le typon de la carte.

IV.3.2. Carte après le routage

Lors de cette phase, nous avons placé les composants dans les positions choisies. Puis nous avons exploité l'option « routage automatique » qui assure la création automatique de toutes les pistes qui relient les différents composants comme indique les figures suivantes.

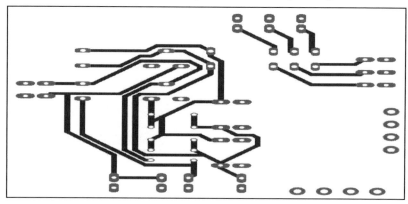

Figure 28. *Carte de modèle de relais bistable*

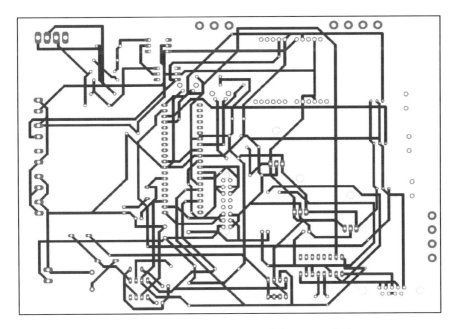

Figure 29. *Carte d'acquisition du courant et de la position du disjoncteur*

IV.4. Réalisation des cartes

Comme nous avons mentionné ci-dessus, nous aurons 2 cartes, une carte pour le modèle de relais bistable et une carte pour l'acquisition du courant et de la position du disjoncteur. L'étape de réalisation passe par plusieurs étapes qui sont :

- La réalisation du typon : il s'agit d'une image du circuit imprimé où il est tracé l'image des pistes de cuivre. Avant d'imprimer le typon, il faut respecter la largeur des pistes qui est proportionnel au courant circulant dans le circuit (Annexe 5),
- Imprimer le typon en noir et blanc sur un papier transparent ou calque,
- Utiliser la machine des circuits imprimés qui réalise les sous étapes suivantes : insolation, révélation, gravure pour obtenir la carte avec le circuit en cuivre,
- Le perçage des trous pour les pattes des composants puis la soudure.

IV.4.1. Implantation des composants

Cette étape consiste à souder les différents composants sur la carte, les figures suivantes ci-dessous illustrent les résultats obtenus.

La première carte à réaliser : c'est la carte de modèle de relais bistable, vu que cette carte sera traversée par un courant assez élevé, il faut donc prendre en compte la largeur des pistes pour qu'elle supporte ce courant.

Figure 30. *Carte du modèle de relais bistable*

Pour la carte d'acquisition du courant et de la position du disjoncteur, nous avons utilisé les deux faces de la carte pour faire passer les pistes. En effet, le grand nombre de composants présents dans la carte pose le problème de croisement des pistes même après l'optimisation de l'emplacement des composants. La solution était d'utiliser la face Top pour éviter les croisements.

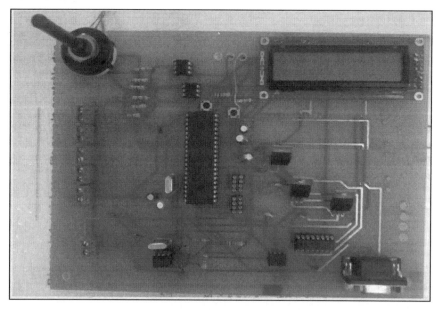

Figure 31. *Carte d'acquisition du courant et de position de disjoncteur*

IV.4.2. Programmateur de PIC

Pour implanter le fichier .HEX du programme déjà crée en MikroC, nous avons utilisé un programmateur.

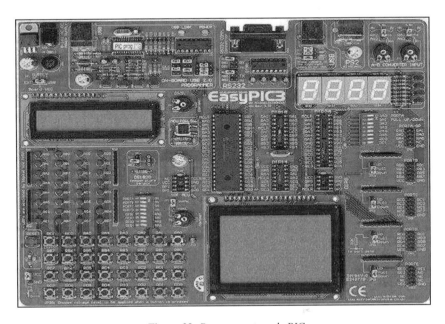

Figure 32. *Programmateur de PIC*

IV.5. Interprétation

Concernant le test de la première carte de relais bistable, elle fonctionne avec le coffret de protection, elle reçoit le cycle des ordres (enclenchement, déclenchement, réenclenchèrent et déclenchement).

Pour la deuxième carte, elle contient des lacunes à cause des pistes qu'elle contient de microcoupure et du court-circuit, cependant nous avons effectué le maximum de correction sur la carte pour obtenir le bon fonctionnement.

IV.6. Conclusion

Dans ce chapitre, nous avons regroupé les logiciels utilisés comme outils de travail, la programmation du PIC qui est la partie la plus importante dans ce projet et nous avons détaillé la partie pratique de notre projet qui comprend la réalisation de la carte à la base du microcontrôleur PIC16F877A.

Conclusion générale et perspectives

Dans le cadre de ce projet de fin d'études, nous avons proposé le développement d'un moyen de maintenance de coffret de protection. Nous avons choisi la STEG comme environnement de travail.

Dans ce manuscrit, nous avons présenté dans le premier chapitre an panorama sur les systèmes de protection de moyenne tension, en décrivant leurs différentes compositions.

Le deuxième chapitre a été consacré au contexte du projet, la problématique, solution et étude de composants.

Quant au troisième chapitre, nous sommes intéressés à la conception et la simulation de ce simulateur.

Après la conception de notre système et avant de passer à la réalisation, objet du quatriéme chapitre nous avons effectué quelques tests sur une plaque d'essai, les résultats obtenus sont encourageant, ceux qui nous ont permis de passer à la réalisation. L'avantage de notre projet est de remplacer le disjoncteur au cours de maintenance du coffret de protection.

Toutes fois, notre projet peut être amélioré par l'ajout d'un programme de stockage de donner pour stocker les courbes de courant durant le test du coffret de protection et les visualiser sur une interface graphique.

Bibliographie

[1]   http://www.govconsys.com/woodward_protective_relays.htm

[2]   http://www.dbt.fr/en/products/transformateurs-de-courant/transformateurs-de-courant-edf/transformateur-de-courant-cr101-comptage-basse-tension-200-a-3000a/

[3]   http://www.dzelectronique.com/index.php?cPath=21_34_36

[4]   http://airqualitymonitoring.blogspot.com/2012/10/pic16f877a-microcontroller.html

[5]   http://www.arcelect.com/rs232.htm

[6]   Documentation du STEG (2010)

Annexe

1. Création

La Société Tunisienne de l'Electricité et du Gaz (STEG) est une société nationale crée par le décret – loi n° 62-8 du 3Avril 1962, à la forme d'une entreprise publique à caractère industriel et commercial. Elle résulte en fait de la nationalisation et de fusion de Réseau d'Electricité et du Transport (RET), du Réseau d'Eau, de gaz et d'Electricité de Tunis (REGET) et de Force Hydroélectrique de Tunis (FHET).

En tant que société nationale assurant un service public, la STEG joue un rôle d'opérateur économique responsable de la politique du gouvernement en matière de développement des structures électriques sur tout le territoire de la république.

La STEG dont la mission consiste à la production, le transport et la distribution de l'électricité et du gaz jouit dans ce domaine d'une situation monopolistique, en vue de bien en assurer, elle investit des moyens humains et matériels très importants. Pour la réalisation des ouvrages, elle fait appel à la sous-traitance comme toute entreprise publique à caractère industriel et commercial. Le STEG est régit sauf dérogation spéciale par l'ensemble des règles juridiques, fiscales et sociales applicables à toutes les entreprises commerciales de droit privé en particulier en matière d'impôt.

2. Structure administrative

Le STEG est administrée par un conseil d'administration composé de douze membres dont :
- deux représentants du personnel.
- dix autres sont nommés parmi les fonctionnaires de l'état.

Le conseil est présidé par le président directeur générale (PDG). Le PDG est entouré par une ossature appelé Direction Générale composée de :
- des conseillers.
- des départements tels que le département de gestion, le département secrétariat permanent de la commission des marchés, le département des relations publiques et le département de la commission des marchés, le département des relations publiques et le département des services centraux.

Les directions ont un rôle fonctionnel qui consiste à définir la politique de la STEG moyens et long terme. Elles sont au nombre de douze lette que représentées dans l'organigramme suivant :

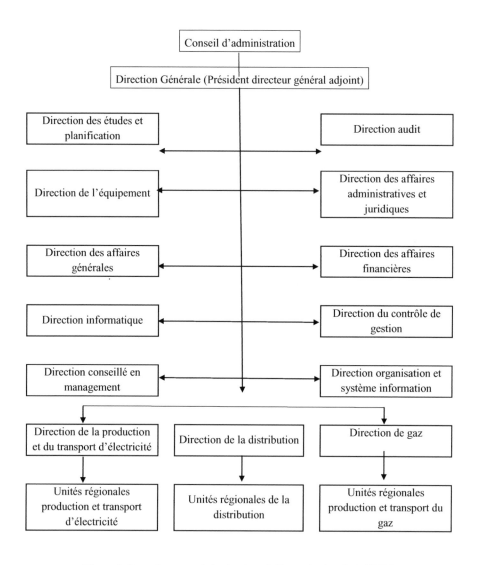

Figure 1. Organigramme de la structure de l'organisation de la STEG

3. Structure de la DRDS

La DTDS est la Direction Régionale de Distribution Sud. Elle représente la Direction Régionale de Distribution Sud-est. Elle englobe les districts de Sfax Ville, Sfax Nord, Gabes, Médenine, Tataouine, Djerba et Zarzis. Ses missions sont les suivantes :

- Assistance et contrôle des districts.
- Suivi des différentes activités des districts.
- Définitions des mesures correctives à prendre.
- Veiller à l'application des règles de gestion et de réglementation en vigueur.

La DRDS est formée des divisions suivantes :

- Division budget et contrôle interne.
- Division Centre Traitement Informatique.
- Division commerciale.
- Division logistique.
- Division maintenance MT de Sfax.
- Division technique électricité.

4. Présentation de la division technique électricité

La division technique électricité est formée des services suivants :

- Services études et planifications.
- Service contrôle des études.
- Service analyse et méthodes.
- Service protection et laboratoire.
- Service contrôle entreprise.

5. Présentation du service études et planification

Le service Etude comprend les activités suivantes :

- Contrôle et approbation des dossiers techniques.
- Elaboration des plans directeurs.
- Elaboration des études d'avant-projet pour l'alimentation de nouveaux gros abonnés.
- Assistance des districts dans les études mécanisées.
- Suivi et contrôle des travaux de levés topographiques sous-traités.

6. Description de la tâche Contrôle et Approbation des dossiers Techniques

La tâche « Contrôle et Approbation des dossiers Techniques » est une des taches du service Etudes et Planification. Il s'agit de contrôler des études techniques. Les ingénieurs qui font cette tache sont appelés agents contrôleurs. Les études techniques objets du contrôle sont des études envoyées par les districts de la DRDS et par l'Unité Maintenance MT de Sfax.

Les études techniques sont soit faites par les bureaux d'études des districts, soit faites par les bureaux d'études privés.

Les études techniques sont essentiellement :

- Des études d'électrification d'un groupe d'abonné.
- Des études d'équipement et le raccordement de postes de transformation privés.
- Des études d'équipement et le raccordement de postes de transformation STEG.
- Des études d'assainissement de réseau électrique.
- Des études d'infrastructures nouvelles réseaux MT.

Annexe 2. Architecture interne du PIC 16F877A

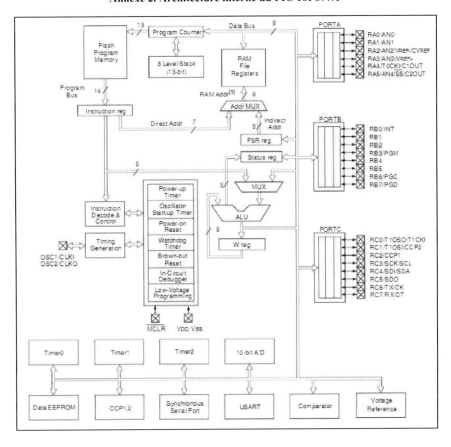

Annexe 3. Schéma de mesure de courant par le modèle du capteur

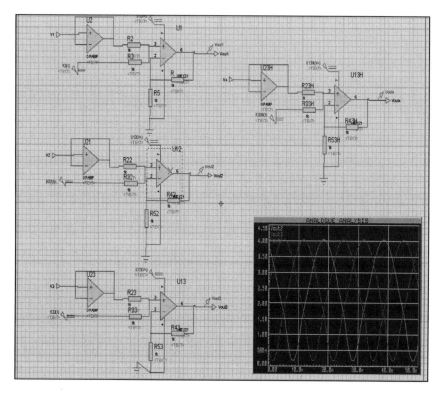

Annexe 4. Régulateur de tension LM7805

National Semiconductor

August 2005

LM341/LM78MXX Series
3-Terminal Positive Voltage Regulators

General Description

The LM341 and LM78MXX series of three-terminal positive voltage regulators employ built-in current limiting, thermal shutdown, and safe-operating area protection which makes them virtually immune to damage from output overloads.

With adequate heatsinking, they can deliver in excess of 0.5A output current. Typical applications would include local (on-card) regulators which can eliminate the noise and degraded performance associated with single-point regulation.

Features

- Output current in excess of 0.5A
- No external components
- Internal thermal overload protection
- Internal short circuit current-limiting
- Output transistor safe-area compensation
- Available in TO-220, TO-39, and TO-252 D-PAK packages
- Output voltages of 5V, 12V, and 15V

Connection Diagrams

TO-39 Metal Can Package (H)

Bottom View
Order Number LM78M05CH, LM78M12CH or LM78M15CH
See NS Package Number H03A

TO-220 Power Package (T)

Top View
Order Number LM341T-5.0, LM341T-12, LM341T-15, LM78M05CT, LM78M12CT or LM78M15CT
See NS Package Number T03B

TO-252

Top View
Order Number LM78M05CDT
See NS Package Number TD03B

47

Le typon de la carte de modèle de relais bistable est donné par la figure suivante :

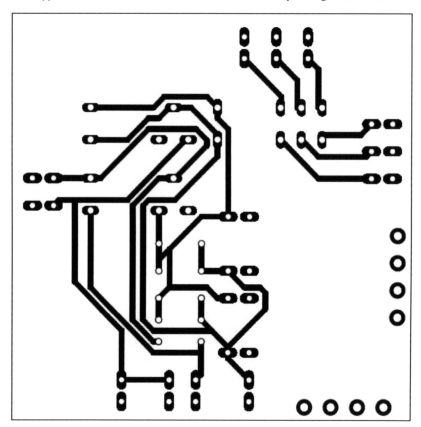

Figure 1. Typon du modèle de relais bistable

Le typon de la carte du simulateur de disjoncteur est présenté sur deux faces.

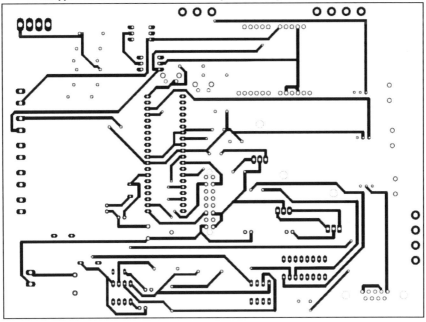

Figure 2. Typon de la face 1 de la carte d'acquisition du courant et de la position du
disjoncteur

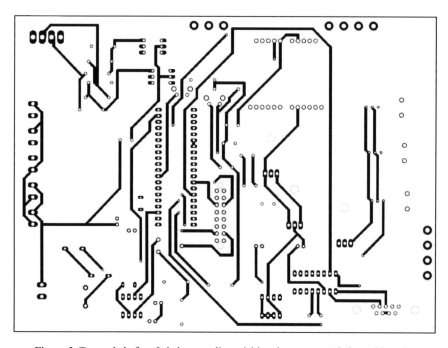

Figure 3. Typon de la face 2 de la carte d'acquisition du courant et de la position du
disjoncteur

Druck

Canon Deutschland Business Services GmbH
Ferdinand-Jühlke-Str. 7
99095 Erfurt